神奇的地球

图书在版编目（CIP）数据

神奇的地球 / (法) 万德维勒, (法) 格里茂特著 ; (法) 阿吕尼, (法) 勒马耶绘 ; 安佑译. — 武汉 : 长江少年儿童出版社, 2013.6
(法国趣味图解小百科)
ISBN 978-7-5353-8847-6

Ⅰ. ①神… Ⅱ. ①万… ②格… ③阿… ④勒… ⑤安… Ⅲ. ①地球－儿童读物 Ⅳ. ①P183-49

中国版本图书馆CIP数据核字(2013)第110221号
著作权合同登记号：图字17-2018-010

神奇的地球

L'imagerie de la Terre

[法] 阿涅丝·万德维勒 [法] 海伦娜·格里茂特 / 著
[法] 伯尔纳·阿吕尼 [法] 玛丽·克里斯汀·勒马耶 / 绘
安 佑 / 译 策划编辑 / 王浩淼
责任编辑 / 罗 萍 叶 朋 王金琪
装帧设计 / 叶乾乾 美术编辑 / 邵 音
出版发行 / 长江少年儿童出版社
经 销 / 全国新华书店
印 刷 / 佛山市剑桥印刷科技有限公司
开 本 / 787×1092 1/16 8印张
版 次 / 2022年4月第1版第9次印刷
书 号 / ISBN 978-7-5353-8847-6
定 价 / 29.80元

Text by Agnes Vandewièle
Hélène Grimault
Images by Bernard Alunni
Marie-Christine Lemayeur
Clotilde Palomino

ISBN of original title: 978-2-215-10663-0

策 划 / 海豚传媒股份有限公司
网 址 / www.dolphinmedia.cn 邮 箱 / dolphinmedia@vip.163.com
阅读咨询热线 / 027-87391723 销售热线 / 027-87396822
海豚传媒常年法律顾问 / 湖北申简通律师事务所 陈刚 18627089905 573666233@qq.com

神奇的地球

[法] 阿涅丝·万德维勒　[法] 海伦娜·格里茂特 / 著
[法] 伯尔纳·阿吕尼　[法] 玛丽·克里斯汀·勒马耶 / 绘
安　佑 / 译

長江出版傳媒 | 长江少年儿童出版社

目 录

宇宙中的地球

银河系里的地球

宇宙中有1000多亿个星系。星系是一个由恒星、星际气体、星际尘埃和行星组成的庞大天体系统。

地球是太阳系的一分子，太阳系位于银河系的一条旋臂上。

太阳系的中心——太阳只是浩渺的宇宙中的一个小点。

银河系的形状像一个有许多条旋臂的旋涡。和所有的星系一样，银河系一直在运动中。

太阳系在银河系中不停地移动：每2.5亿年绕银河系旋转一周。

银河系拥有数千亿颗恒星。从地球仰望星空，我们看到的银河系像一条闪闪发光的银色河流。

地球是太阳系的一员

太阳系由太阳、八大行星和其他环绕着太阳旋转的天体物质（小行星、彗星等）组成。

位于中心的太阳是一颗发光的恒星。太阳系形成于约46亿年前，最初是一团巨大的星际气体和星际尘埃组成的云，也就是星云。

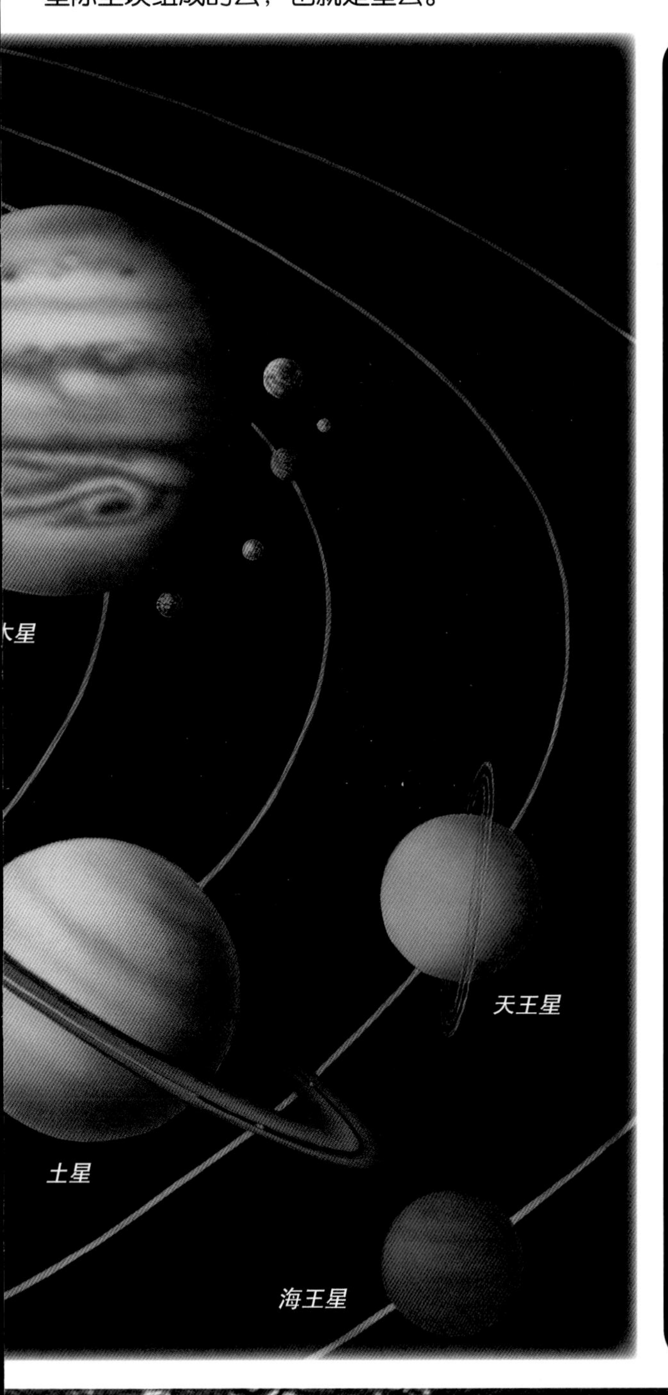

地球的形成

约46亿年前，星云分崩离析。

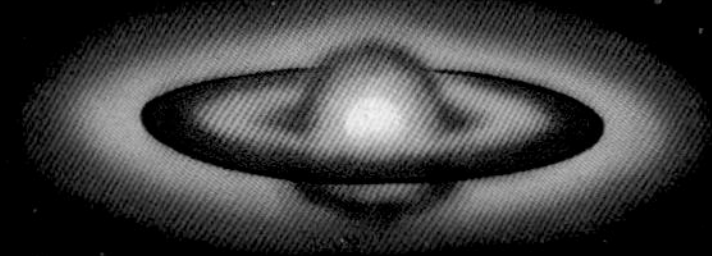

温度升高，星云形成一个碟形。中间温度很高，发出光，这就是太阳的诞生。

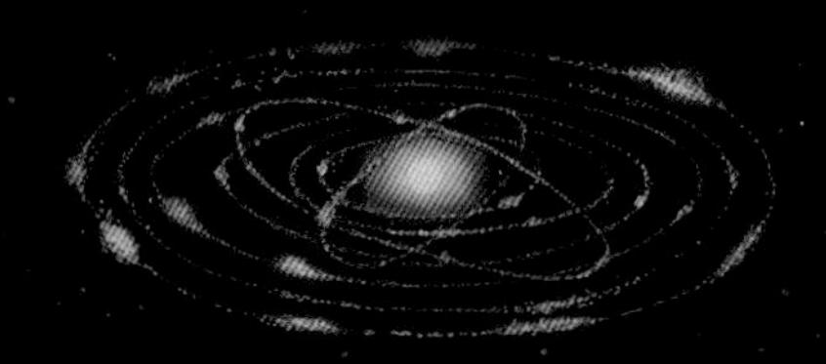

环绕着太阳的星际尘埃和岩石汇集到一起形成行星，地球便是这些行星之一。

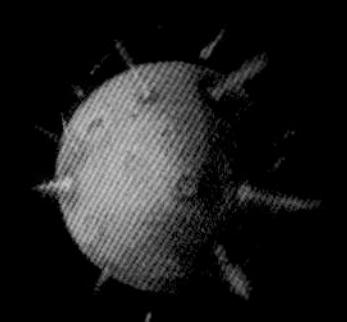

随后，地球遭到了陨石雨的袭击，陨石雨制造了大量的火山口。

39亿年前，地球上降下大量的雨。火山口蓄满了水，形成海洋。

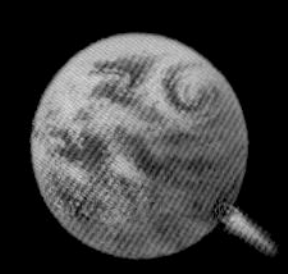

蓝色星球

我们把地球叫作“蓝色星球”，因为地球表面约70.8%的面积都覆盖着海洋。

这就是我们从月球上看到的地球。

从太空看，地球是蓝色的。因为水给了地球美丽的颜色，水让地球充满生机，没有水地球上就不会有生命。地球上最大和最深的海洋是太平洋。

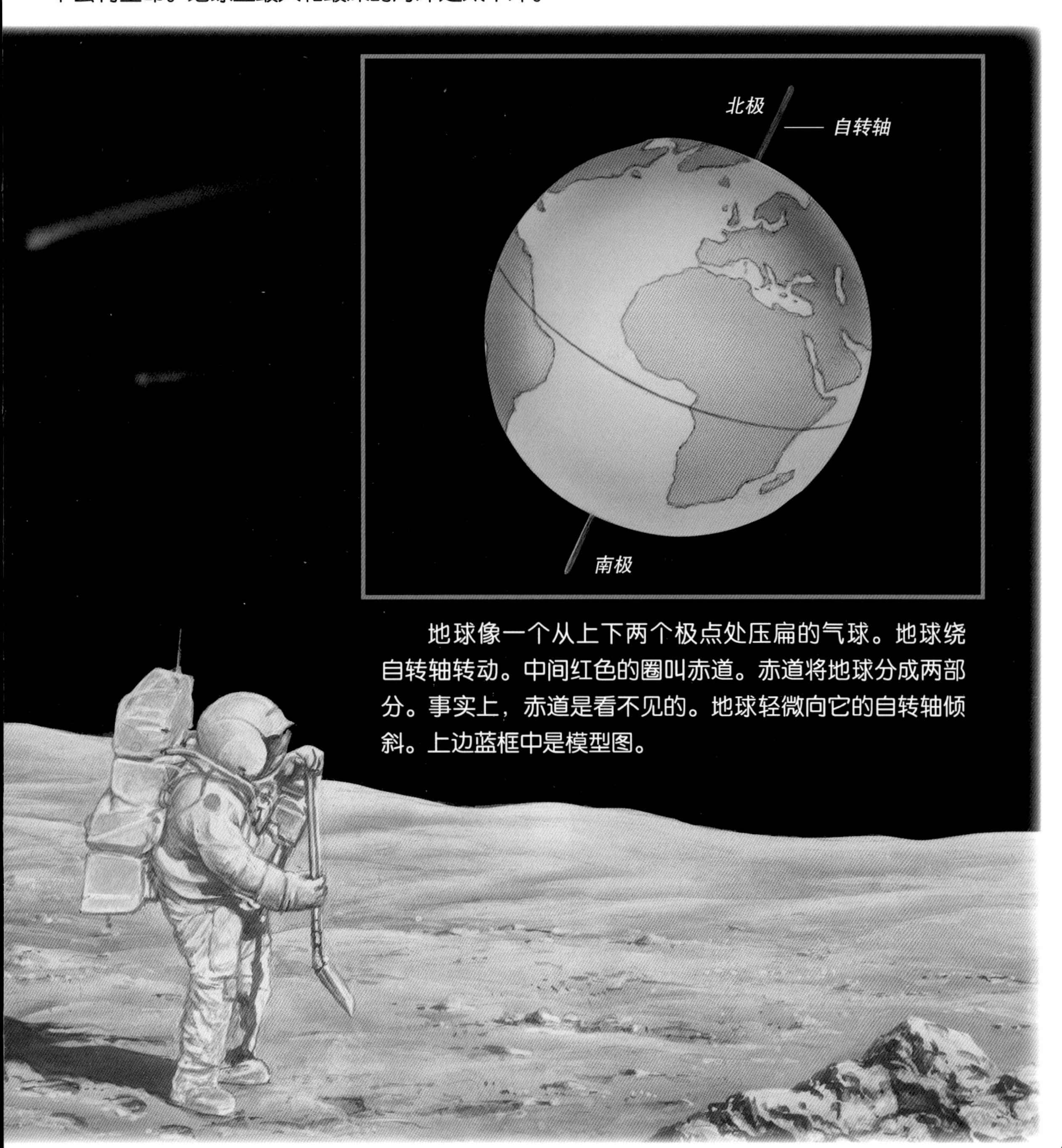

地球像一个从上下两个极点处压扁的气球。地球绕自转轴转动。中间红色的圈叫赤道。赤道将地球分成两部分。事实上，赤道是看不见的。地球轻微向它的自转轴倾斜。上边蓝框中是模型图。

地球有多大?

要想绕地球一圈，需要走约40000千米。这是一个很难想象的距离。

如果没有海洋的阻隔，一个人每天走10个小时，两年可以环球一周。

一辆时速为100千米的汽车，如果每天行驶10个小时，40天可以环球一周。

一架飞机可以在两天内绕地球一周。

一艘宇宙飞船可以在1.5小时内轻松绕地球一周。

地球绕太阳旋转

同其他行星一样，地球绕太阳旋转。每转一圈的时间为一年（365.25天）。

当太阳直射的时候，天气变热，这是夏天。当太阳从侧面照射过来，天气变冷，这是冬天。

一 天

地球还像一个陀螺一样进行自转。自转一周的时间是一天，大约为23小时56分。

太阳光是直射的，这就会造成在地球上总有一面向着太阳而另一面背着太阳。面向太阳的一面是白天，背向太阳的另一面则是晚上。所以，当美国纽约是晚上时，北京是白天。

从地球上看，太阳好像在一天之内转了一个圈：早晨从东边升起，中午到达最高点，晚上在西边落下。事实上不是太阳在移动，而是地球在转动。

月 球

月球是最接近地球的天体。它围绕地球旋转，是地球的天然卫星。月球也进行自转。

一年12个月

每个月有28～31天。这是一个朔望月的时间（约29.5天）。

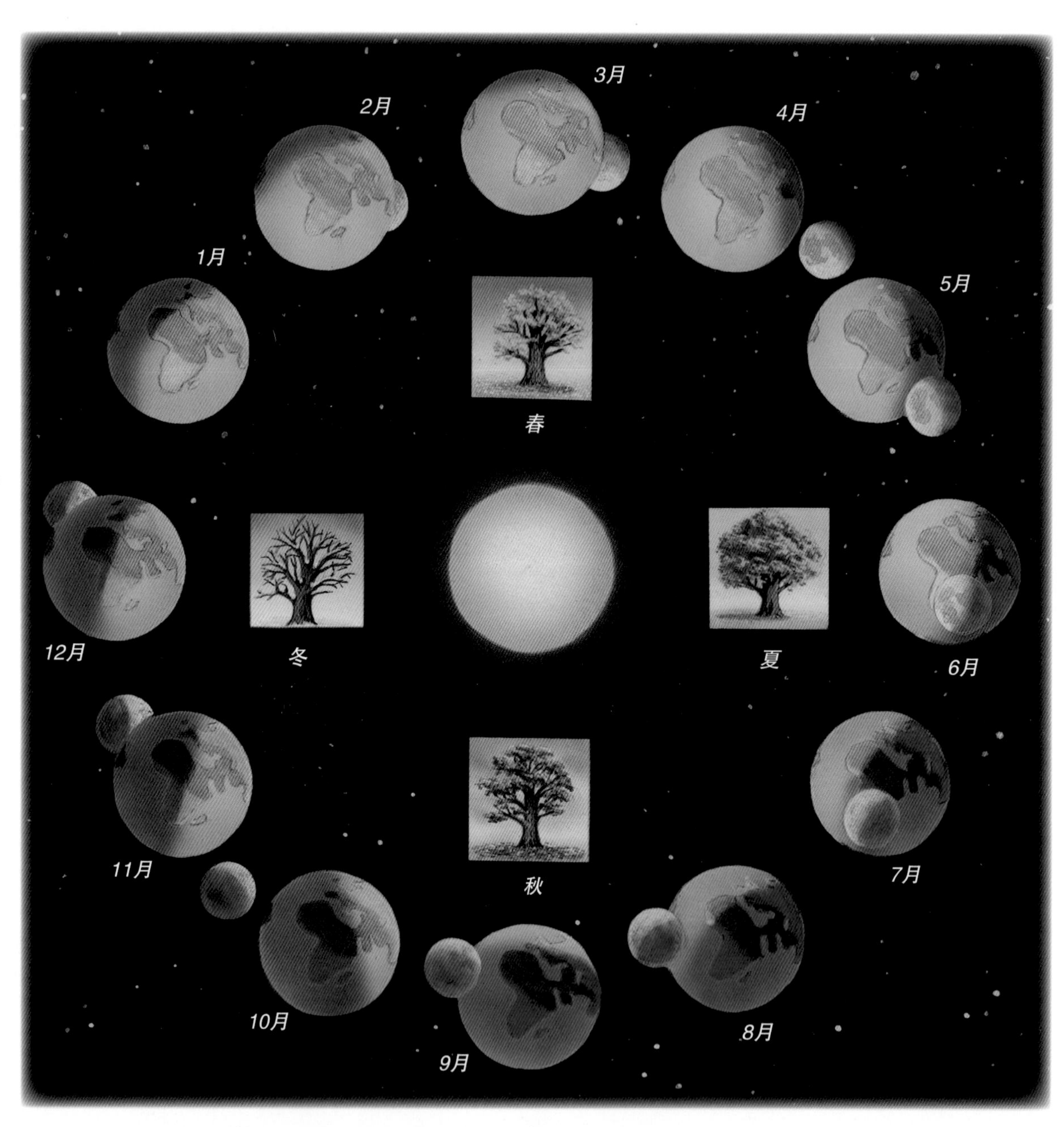

一年之内，月球大约绕地球转12周。这就是为什么我们把一年分成12个月。温带地区的四季每一季有3个月。图上显示了每个季节的开始和结束。

构造和地形

地壳下面是什么？

地球就像一个大果子，有果皮——地壳，果肉——地幔，地球的中间是巨大的果核——地核。

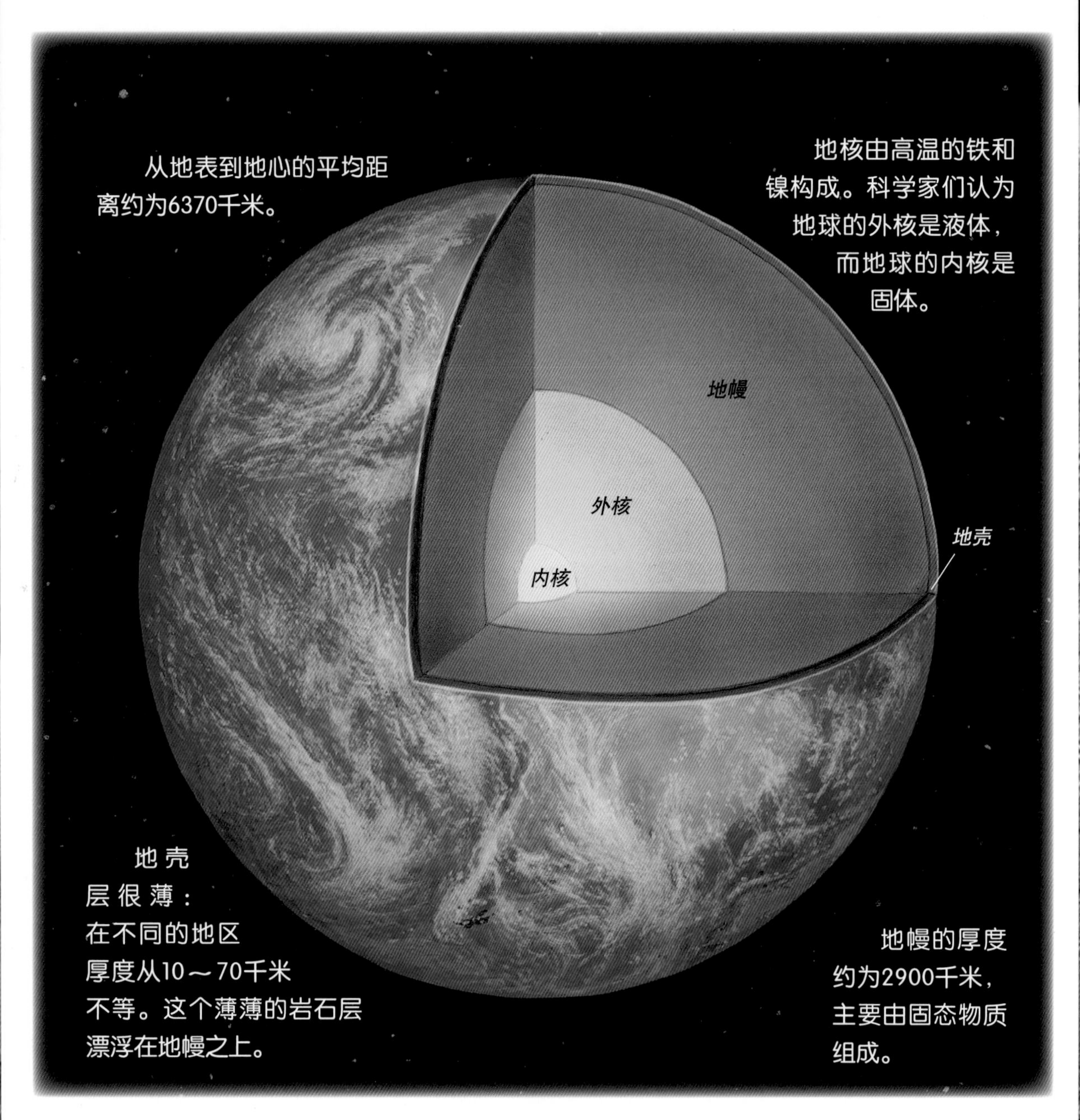

地球形成的时候是一个大火球，后来它的表面冷却下来。但它的内部，也就是核的部分，仍旧是炽热的。

漂浮的大陆

地球表层的大陆是板块状的。这些板块在缓慢地移动（每年约2.5厘米）。

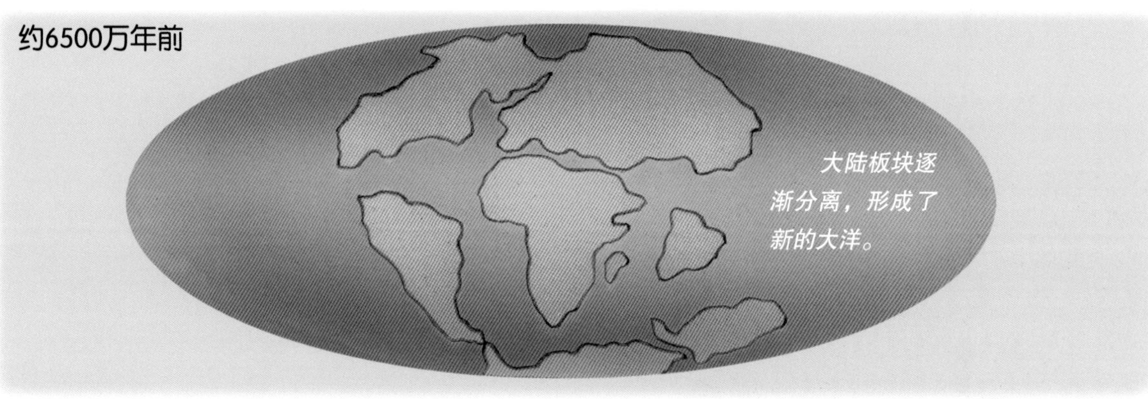

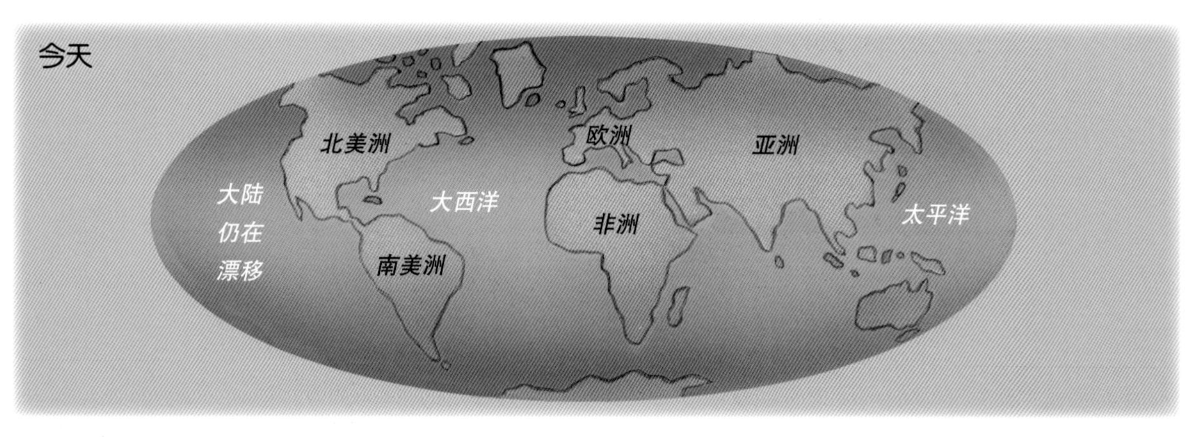

几百万年后，大洋洲将离欧洲和非洲更远。大西洋会变得更宽。

我们生活在一块大拼图上

地壳就像一块由六个巨大的板块和许多小板块组成的拼图。每块拼图都是一块巨大的岩石板块。

两个板块会相撞。这种运动我们可以从地面的断裂上观察到。这种碰撞也会引起地震。

美国的加利福尼亚州①位于两个板块相交的地带，这两个板块是太平洋板块和美洲板块。它们按逆时针方向朝对方滑动（太平洋板块向北漂向美洲板块，而美洲板块则向南漂移）。上图中长1300千米的圣安德列斯断层就是这种运动的地质表现

当两个板块相撞时，重量大的板块会下沉到较轻的板块下边。这种运动会造成山脉的隆起，这就是安第斯山脉某些山峰形成的原因。同样的地质现象在日本②也有。日本位于多个板块交汇地带，所以经常发生地震。

这些板块漂浮在地球的地幔之上。当它们相撞时，相互重叠或挤压，会引发地震，并造成山脉的隆起或火山爆发。

如果两个板块分开，会形成一个裂谷（地堑）。

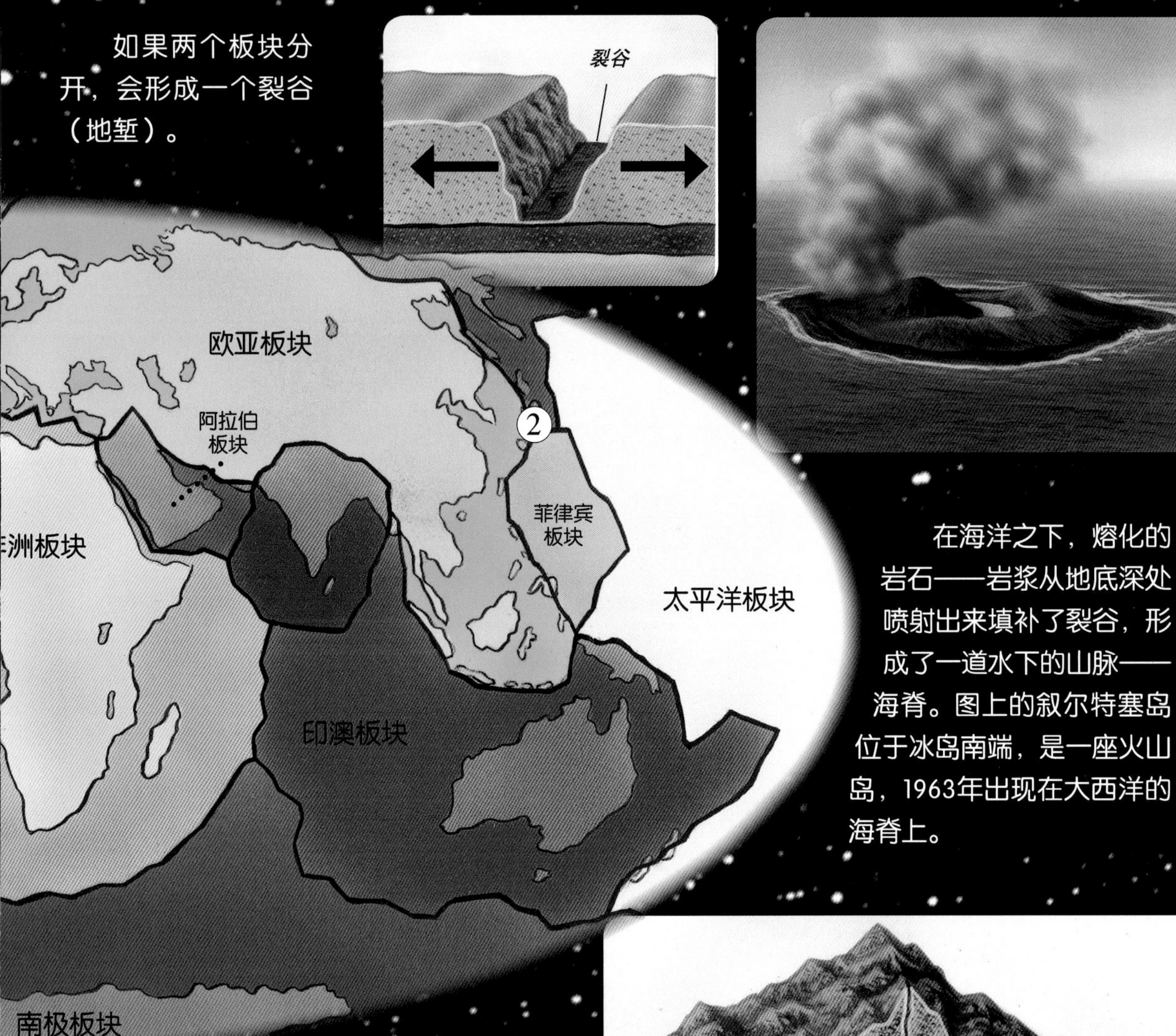

在海洋之下，熔化的岩石——岩浆从地底深处喷射出来填补了裂谷，形成了一道水下的山脉——海脊。图上的叙尔特塞岛位于冰岛南端，是一座火山岛，1963年出现在大西洋的海脊上。

有时，两个质量几乎相同的大陆板块相撞。岩石上升形成山脉。喜马拉雅山脉的形成就是源于两个板块的相撞。

大地在颤抖

地震，又称地动，地振动，像大地在颤抖一样。如果震动得厉害，会导致道路裂开、房屋出现裂纹或倒塌、桥梁坍塌等后果。

如今许多国家，修建的房屋能够在一定程度上抵抗地震，防止坍塌。

当印度与亚洲相遇

今天印度是亚洲的一部分。但在1.35亿年前，它与亚欧板块是分开的。

7000万年前，印度板块从距离亚洲很远的地方开始缓慢向北漂移。

3000万～3500万年前，印度板块终于抵达亚欧板块处。这两个板块相撞，造成了喜马拉雅山脉的隆起。

世界最高峰

在喜马拉雅山脉上，尼泊尔和中国西藏交界之处屹立着世界最高的山峰：珠穆朗玛峰。

以前，人类认为山是上帝的住所。珠穆朗玛峰这个词在藏语里的意思是“圣母峰”。

“年轻”的山和“年老”的山

仔细观察山峰，如果高而陡峭，说明这是一座“年轻”的山。如果是圆的，则是一座“年老”的山。

“年轻”的山每年均有一定幅度的增长。它们很高，山坡陡峭。

“年老”的山头都是圆形的。它们的山峰在风霜雨雪的洗礼下已经失去了棱角。

平原和高原

平原和高原都是宽广而平坦的地形。平原和高原上的居民通常从事农业和畜牧业。

在平原上，人们种植小麦和其他谷物，如玉米、大麦和黑麦。

位于南美洲的阿根廷潘帕斯草原是一片幅员辽阔的平原，人们在那里放养了许多动物。

高原是高山上、被山谷分割的平地。秘鲁人在安第斯高原上放养羊驼。

火山爆发

地球中心的热量很高，岩石被熔化成液体，这种液体与气体混合成为岩浆。

通常在火山爆发前，大地会发出隆隆的响声，有气体从火山口喷出。熔岩会吞没任何它碰到的物体。

活跃的火山

地球上的火山大多为死火山，目前已知的活火山只有几百座。火山爆发有很多种类型。

位于意大利的斯特龙博利火山经常会喷出焰火般的熔岩。

2010年，冰岛埃亚菲亚德拉冰盖冰川火山喷出一大团火山灰。

意大利的斯特龙博利火山、埃特纳火山（左图）和夏威夷的基拉韦厄火山（右图）是世界上最活跃的三座火山。

火山爆发的后果

有一些火山爆发比其他的更危险，会造成巨大的损失。

火山爆发形成的火山灰云团是最危险也最让人担心的。它会产生大量炽热的气团，快速地冲下山（最高时速能达到250千米），并摧毁路过的一切物体。

从火山口喷出的炽热火山灰，混合着火山口的雨水和雪，可能会变成泥浆流，冲毁并裹挟着它遇到的岩石、树干等物体，倾泻而下，能够淹没整座城市。

火山学家关注着火山及火山活动以避免发生这样的灾害。当他们认为可能会发生火山爆发时，就会要求周围的居民撤离。

熔岩流动得很慢，但会摧毁植被。动物们失去了食物，会死于饥饿。

火山爆发会造成气候变化。有时气温降低，会在盛夏时分下雪。

这种墙一般的巨浪叫海啸。

海里的火山爆发会引发毁灭性的巨浪。

风貌和物产

欧洲风貌

大自然赋予全世界美好而独特的风貌。让我们从欧洲开始旅行吧。

在欧洲我们能够欣赏到像阿尔卑斯山这样雄伟的山峦。它的最高峰勃朗峰海拔4807米。

地中海沿岸有许多小海湾。这些海湾像镶嵌在悬崖峭壁间的宝石，熠熠生辉。

冰岛有壮观的瀑布。黄金瀑布是其中最大也是最美的一个瀑布。

位于英国一端的英吉利海峡旁有优美的七姐妹白崖，这是一种白色石灰岩山崖。

非洲风貌

非洲大陆是我们这颗星球上温度最高的一块大陆，广袤的热带草原与世界上最大的沙漠——撒哈拉沙漠相连。

非洲大草原上的乞力马扎罗山为东西延伸约80千米的休眠火山群，它的最高峰常年积雪，海拔高度为5895米。

埃及的尼罗河谷是一片沙漠里富饶的绿洲。

在撒哈拉的腹地，坐落着火山岩山脉——阿哈加尔。

非洲大陆南端的纳米比沙漠是世界上最古老的沙漠。

大洋洲风貌

大洋洲是位于南半球的一个大洲，占全球总陆地面积的6%。它包含了一万多个分散在太平洋上的岛屿，其中包括澳大利亚、新西兰和新几内亚等。

艾尔斯巨石坐落于澳大利亚平原的中部，这是一颗超出地平面348米高的巨大石块。

大洋洲的岛屿上有着绝美的风景，白色的沙滩，松石绿的礁湖。

新西兰上的山脉包含17个海拔在3000米以上的山峰。

大洋洲的海岸线上生长着一片片红树林。红树是一种根茎露在外面的有趣的树木。

亚洲风貌

亚洲是地球上最辽阔的陆地，这里的地形丰富多样。世界上最高的喜马拉雅山脉便位于这块陆地上。

乔戈里峰是排名在珠穆朗玛峰之后的世界第二高峰，海拔8611米，又称K2峰。

日本的富士山是一座活火山。它是日本人民心目中的圣山。

越南的下龙湾几乎常年云雾笼罩，宛若人间仙境。

这座漂亮的悬崖状梯田位于土耳其。这里常年有温泉涌出。

北美洲风貌

在辽阔的北美大陆上，有着雄伟的自然景观：美丽的湖泊、高山、沙漠、峡谷和瀑布……

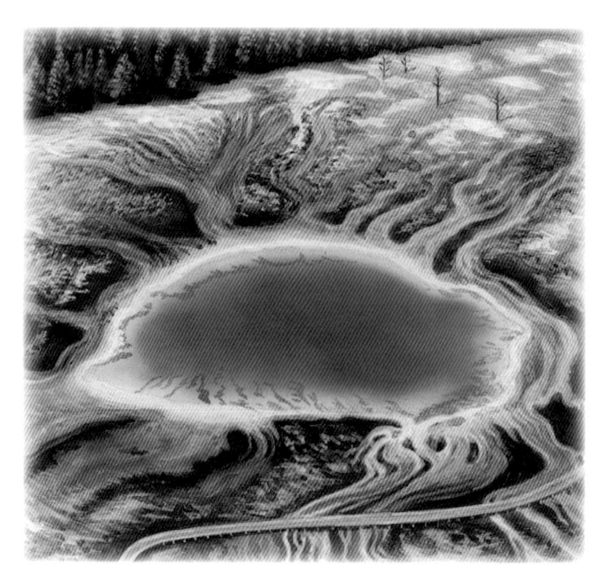

位于美国黄石公园的黄石湖。它奇妙的颜色来自生活在湖里的藻类和菌类。

科罗拉多大峡谷长达446千米，最深处为1829米，由奔腾其中的科罗拉多河长年雕刻而成。

位于加拿大和美国交界处的尼亚加拉大瀑布是马蹄形的。

落基山脉两侧覆盖着冷杉和枫树，从北部的阿拉斯加一直延伸到北美大陆南部的墨西哥。

南美大陆风貌

南美洲北临加勒比海，南至南极洲。它的地理位置决定了这块大陆上多姿多彩的地理风貌和多变的气候。

伊瓜苏瀑布位于巴西和阿根廷交界之处，气势磅礴，令人震撼。

智利的阿塔卡马沙漠是世界上最干旱的沙漠之一。几乎从未下过雨。

的的喀喀湖位于玻利维亚高原北部，湖面海拔3812米，湖水冰冷。

安第斯山脉南部的莫雷诺冰川高60米，长30千米。

荒 漠

荒漠是气候干旱、几乎没有植被的地区。很少有动物可以在这样的自然条件下生活。

美国的莫哈维沙漠中有很多沙石，那里生长着很高的，寿命长达200年的大树——约书亚树。

在青藏高原的高寒荒漠地带，气候非常严酷，冬天最低气温低至-40℃。

在沙漠中，当裹挟着沙子的风遇到一片岩石后，沙子就会聚集在那里，形成沙丘，这种沙丘有时会很高。

绿洲是什么？

绿洲是沙漠里一处有水的地方。那里有树木生长。人类和动物会到这里来乘凉和解渴。

因为有了水，人类可以在那里定居，开挖水道，灌溉他们的花园和种植枣椰树、蔬菜和谷物。因为温度高又有水，植物生长得非常快。

海 岸

陆地和海洋交界的地方形成了各种类型的海岸：沙滩、岩石、悬崖等。

这些圆形柱子是火山岩。炎热的火山岩在海浪的作用下冷却。

峡湾以前是冰川峡谷，现在灌满了海水。挪威有许多的峡湾。

悬崖附近是卵石海滩，这些大颗的石头被海浪磨成了光滑的卵形。

沙滩上遍布着风堆出来的沙丘。很多情况下，沙丘上长出植物，沙就被固定住了。

岛

地球上有成千上万个岛屿。有一些是被海洋隔开的小块陆地，另一些是由活火山造成的。

海浪不停地拍打着海岸，一点点卷走了沙子，侵蚀了较软的岩石。残余的陆地被海水环绕着成了岛屿。世界上最大的三个岛是格陵兰岛、新几内亚岛和加里曼丹岛。

半岛是指陆地一半伸入海洋或湖泊，一半同大陆相连的部分。

在太平洋上，有一些火山露出水面并形成了一连串小岛，这就是科隆群岛。岛上生活着鬣蜥、巨型乌龟、鸟等珍奇动物，这里是这些动物的天堂。

盐草地和圩田

在一些沿海地区，人类为了获得更多的耕地向大海索取土地。

在一些港湾里，堆积的淤泥逐渐超过了海平面。淤泥上覆盖了植被并形成盐草地。人类在那里放牧大群的绵羊。这种绵羊的肉质鲜嫩，很受食客的欢迎。

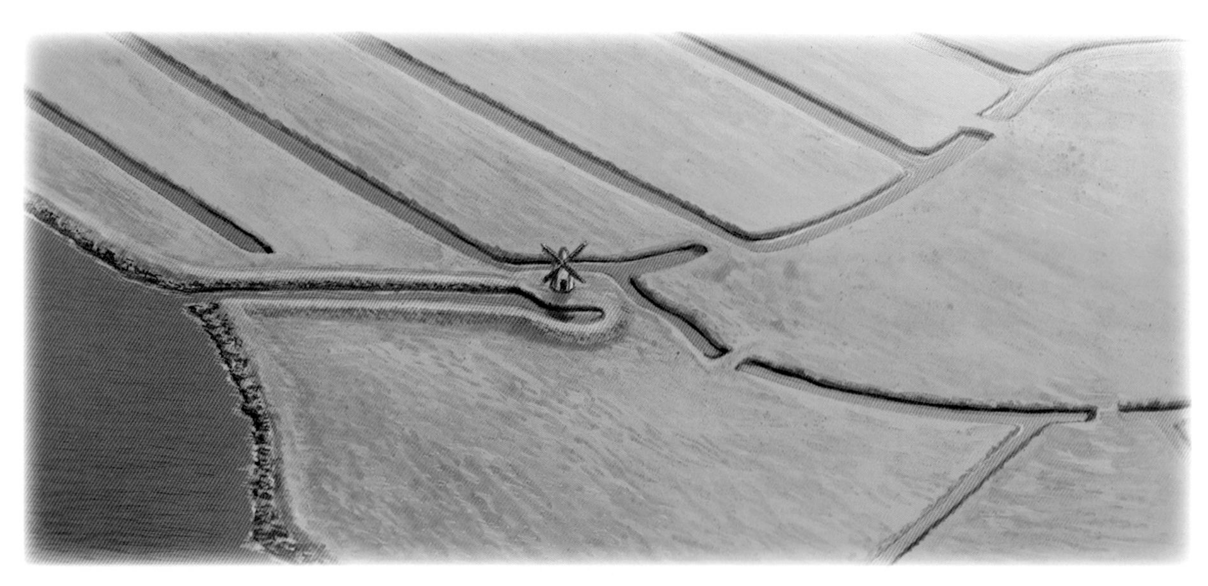

在荷兰和比利时，为了在海里造田人们修建了堤坝。在堤坝的后面人们用泵汲水造田，造出的耕田叫圩田。这些耕田的海拔高度在海平面以下。

海底风光

海底的景色多姿多彩：有平原、高原、山脉、火山和裂谷。

陆地在海底不断延伸并逐渐下沉，时急时缓，最终变成深海平原。

海底还有许多洞，里边生活着大群让人惊艳的鱼，那里也是潜水高手的乐园。

海洋深处

越往大海深处去，光线越暗，温度越低。只有不多的动物可以在这种极端条件下生存。

侵 蚀

侵蚀作用指地表受到风、流水等外营力的冲刷等作用。这种作用改变了自然的风貌。侵蚀作用永不停歇。

海浪日复一日地拍打着礁石，并把大块的石头拖进海里。海水也能雕琢出拱洞和山洞。海水把岩石分解成小块再磨成卵石。

几千年来，位于岩石之上的科罗拉多河的河床一直在加深。如今，河床已经成了深深的大峡谷，成了著名的景观。

大自然雕刻师：水和风

水缓慢地侵蚀着软岩，并雕琢着那些坚硬的岩石。风将石块和沙子吹到别处，或把石头打磨光滑。

沙漠中的沙丘

土耳其的仙女烟囱

美国犹他州的峡谷

在世界的每一个角落，风和水都创造了无数的自然雕塑作品。它们有着让人惊叹的细腻和美丽，是真正的艺术家杰作 。

美国的羚羊峡谷

法国阿尔芒钟乳岩洞

澳大利亚沙漠中的尖峰石阵

埃及的白沙漠

沙子从哪里来?

岩石碎屑经过漫长的旅途后，变得越来越小，成为沙粒。

被海水带到岸边的沙子不断地被海浪和风改变着位置。

无论是沙漠还是海滩上的沙子，它们都是被风、水和霜冻等侵蚀而产生的。沙粒的大小和颜色各不相同。

撒哈拉的风景千变万化。几乎整个沙漠上（90%）都覆盖着砾石，所以称为砾漠①。其余的地方是沙丘②，是这种砾石受侵蚀风化成的沙子堆积而成的。事实上，巨大的昼夜温差使石块分解成沙粒。沙子被风吹着形成了沙丘，这些沙丘挤在一起，构成了沙的海洋③，可能一直延伸几百千米。

沙子的颜色取决于它原来岩石的成分：火山岛海滩的沙子可能是红、灰或黑色。有珊瑚礁的海滩颜色可能是粉色或绿色的，因为那里的沙子来自珊瑚石。

一个冰川峡谷的历史

在山里，冰川挖掘出峡谷。认真看下边的图你能了解到峡谷是如何形成的。

一条激流在这里挖出了一个“V”字形的峡谷。

气候变冷时，峡谷里形成冰川。

几百万年之后，地球逐渐变暖，一部分的冰川融化，水从山顶流下，把山顶的岩石带下来。湖泊形成了。峡谷变得更宽，现在成了“U”字形。

煤

这是一种化石能源，至今仍有许多国家用它来取暖、生产电力。

许多年前，大片的森林被水淹没。植物无法被完全分解，变成泥炭，埋在许多层岩石下，沉积成煤。

在地下矿井里，矿工们使用一种大型机器——采煤机将煤块从矿床里挖出来。

石 油

石油是一种自然资源，可以用来生产燃油，让飞机在天空飞翔；也可以生产沥青用来铺路，生产化肥用于种植农作物。

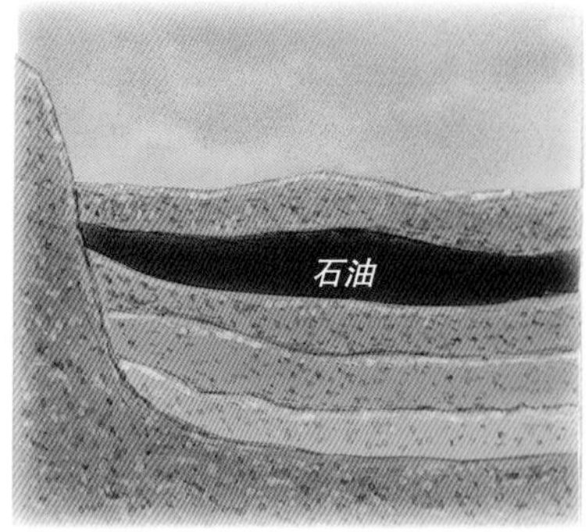

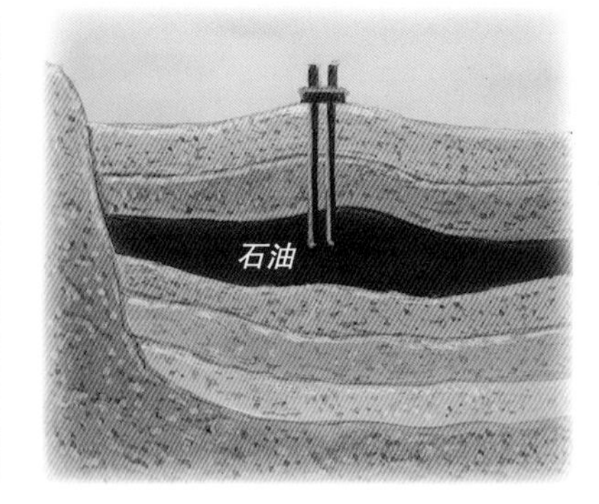

分解的生物包括生活在海洋里的微型动物及植物。当这些有机体死亡后，会被分解并变成淤泥埋在岩石层之下，这样就产生了石油。天然气的形成也是一样的。

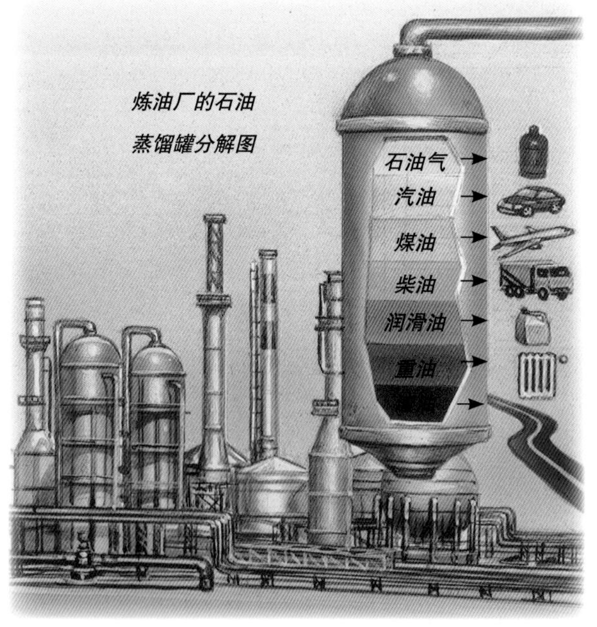

为了开采石油，人们挖了深达几千米的深井，并使用抽油机抽取原油。原油中混合了很多成分。开采出来后，把原油送往炼油厂，对原油中的不同成分进行分离。被分离出来的不同成分将用于生产不同的产品。

露天矿

露天矿是没有被埋在地下很深处的，可以开采的矿石或原料。

为了开采这个铜矿，这辆巨型挖掘机挖了一个巨大的、阶梯形圆谷。开采出来的矿石随后装上大卡车运到加工场。

地 热

这是一种使用地球热力的能源。在火山地区，接近地幔的地方使用得最多。

发电厂利用地热生产电力，为居民供暖，给游泳池加温。人们打一口井，使地下的热水以蒸汽的形式喷出来。

地热在冰岛的使用非常普及，当地居民可以在天然热水中游泳。

地热还为人行道及马路加温。冬天这里的地面不会结冰。

岩 石

从地下开采出来的岩石非常有用。建筑行业使用了很多这种岩石。

火成岩

沉积岩

变质岩

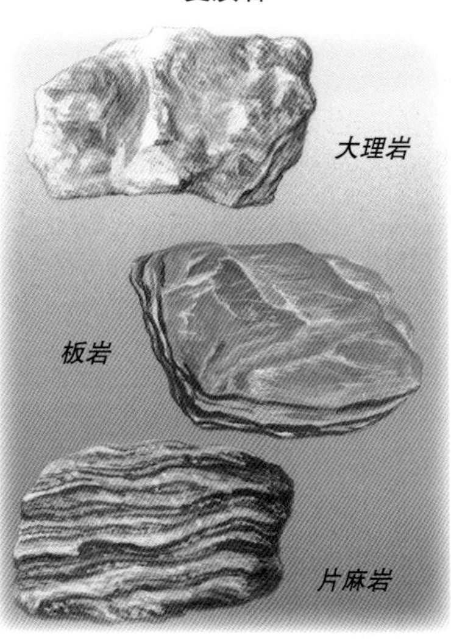

岩石分三大类：源自火山灰的火成岩；受侵蚀的其他种类岩石形成的沉积岩；还有岩浆岩和沉积岩变质而成的变质岩。

花岗岩在山顶比较常见，是一种非常坚硬的岩石，经常用来盖房子。

法国诺曼底的象鼻山是白色的白垩岩，看上去犹如象鼻入海。

岩石中能找到一些形状规则的结晶：这些是宝石。宝石有许多颜色和形状。黄金是一种非常昂贵的金属，可以用来做饰品和首饰。

板岩很容易分成一片片的。人们用它来修屋顶，因为它可以防雨。

人们使用花岗岩做雕像。很多古代的寺庙也是用花岗岩建的。

钻石是一种非常昂贵的，用来制成首饰的宝石；同时它也是一种很坚硬的天然材料，可以做成各种切割工具。

气候和天气

环绕着我们的空气

我们的星球被厚达1000千米的气体层包裹着，这就是大气层。正是有了大气层，地球上才有了生命。

水的旅行

海洋表层水遇热蒸发，随后以雨和雪的形式降落地面，并再流回到海洋。

水的不同形态

渗入地下的水有很大一部分被植物的根吸收。其他以泉水的形式涌出地面或直接流回海洋。

水对天气的影响

云里蓄积了上百万吨的水，变成雨、雪或霜降落到大地。

云是由细小的水滴组成的。这些小水滴聚合变成大水滴，最后变成雨落下来。

温度很低的时候，云里的水滴变成了小冰粒。小冰粒互相粘连形成了白色的雪片：下雪了。

有时候，空气的温度非常低，小冰粒凝集在一起形成真正的小冰球。这是冰雹，冰雹有时会造成很严重的自然灾害。

云会影响天空的颜色。夏天的天空通常是蓝色的，但在暴风雨即将来临时，乌云密布，天空可能会变成黑色。

雾就像弥漫在地上的巨大云团。雾是潮湿的空气遇冷而形成的。

炎热的一天过后，空气变得躁动。云中的水滴上升或下降，带着电流。暴风雨带着闪电和雷鸣来了。

当阳光从侧面穿透雨幕，光线被散发成七种颜色：红、橙、黄、绿、蓝、靛、紫。天空中出现了美丽的彩虹。

狂 风

较轻的热空气和较重的冷空气相遇，会产生空气的快速交换，这样就形成了风。有时会刮很大的风。

暴风雨时，海上会掀起威力巨大的浪。

暴风雪是一种强降雪，伴随着时速超过56千米的大风。

在沙漠中，狂风会吹起巨大的沙尘暴，让人无法呼吸。

密斯脱拉风是地中海地区的一种强风，风速超过100千米/时。这种风又干又冷。

在热带地区，夏末时分，当海水温度超过26℃时，大海的上空会形成飓风。这种非常强烈的风通常会伴随着暴雨。

从上空看，飓风像一大团云，中间没有风也没有雨：这是飓风眼。飓风眼的四周是雨和盘旋的风组成的云墙。风的速度超过300千米/时。飓风云团的移动速度很慢，但能摧毁路过的一切。

龙卷风是一种威力强大的风，产生于以旋转的方式移动的巨型的漏斗形云中。它能把遇到的东西都吸到旋涡中心。云中心盘旋向上的速度超过500千米/时。

四 季

一个季节是一年中天气情况类似，温度变化不大的一段时期。

在南北两极，一年只有两个季节：冬季和夏季。每个季节各有六个月。在北极和南极的冬季太阳不会从地平线上升起，即使中午天也是暗的；夏季太阳不会落下，即使午夜依然悬挂在天空。

位于赤道附近的热带也只有两个季节：一个是非常干燥无雨的旱季，另一个是每天大量下雨的雨季。

季节会随地势和高度变化。丘陵、海洋、山脉都会影响到气温和降水（雨和雪）。

赤道地区没有四季变化：因为太阳直射在这个地区，一年中的每一天气温都很高且有降雨。这里的植被非常繁茂。

山区里季节的变换非常明显，即使在温带地区也是这样。冬天漫长而严酷，夏天温度很高。

温带地区位于两极和赤道的中间地带，温度不高不低。一年中，四季的交替非常明显。

冬季，白天很短，天气寒冷。很多树的叶子都没有了。

春天，白天变长，树上发出新芽。

夏天，白天很长，天气炎热。树上的果子成熟了。

秋天，白天变短，气温下降。树上的叶子掉落。

气　候

气候是地球上一个地区的天气情况。从酷寒的极地气候到炎热的热带气候，有许多类型。

温和的气候：沿海地区即使在冬天，气候也很温和。

在内陆地区，冬季更加寒冷而夏季更加炎热。

沙漠地区的白天十分炎热而夜晚非常寒冷。很少有降雨。

在热带地区，温度一直很高。只有旱季和雨季两季交替。

一个地区的气候取决于它相对于地球南北两极（最冷的地区）以及赤道（最热的地区）的距离，此外它的海拔高度、与海洋之间的距离也会影响它的气候。

每年一次的强降雨把印度的一些地区变成了水泽：这是南亚的季风转换引起的强降雨。

赤道地区的气候非常炎热。每天傍晚时分下雨。

在山区，气温比平原地区低。冬天下很大的雪。

在南极和北极，冬季寒冷而漫长。而夏季的温度只略高一点。

地球上的水

海洋和死海

地球表面被各块陆地分隔而彼此相通的广大水域称为海洋。海比洋的面积要小且通常靠近陆地。死海不是海，而是湖水盐度很高的盐湖。

位于欧洲和非洲间的地中海，是世界上最大的陆间海。

在死海里，人不需要借助任何力量就可以漂浮。

冬天在冰冻的海里只有破冰船行驶。

热带的海洋是鱼和珊瑚的天堂。

海上通道

150年前，一位法国人斐迪南·德·雷赛布主持了打通地中海和红海的运河工程。

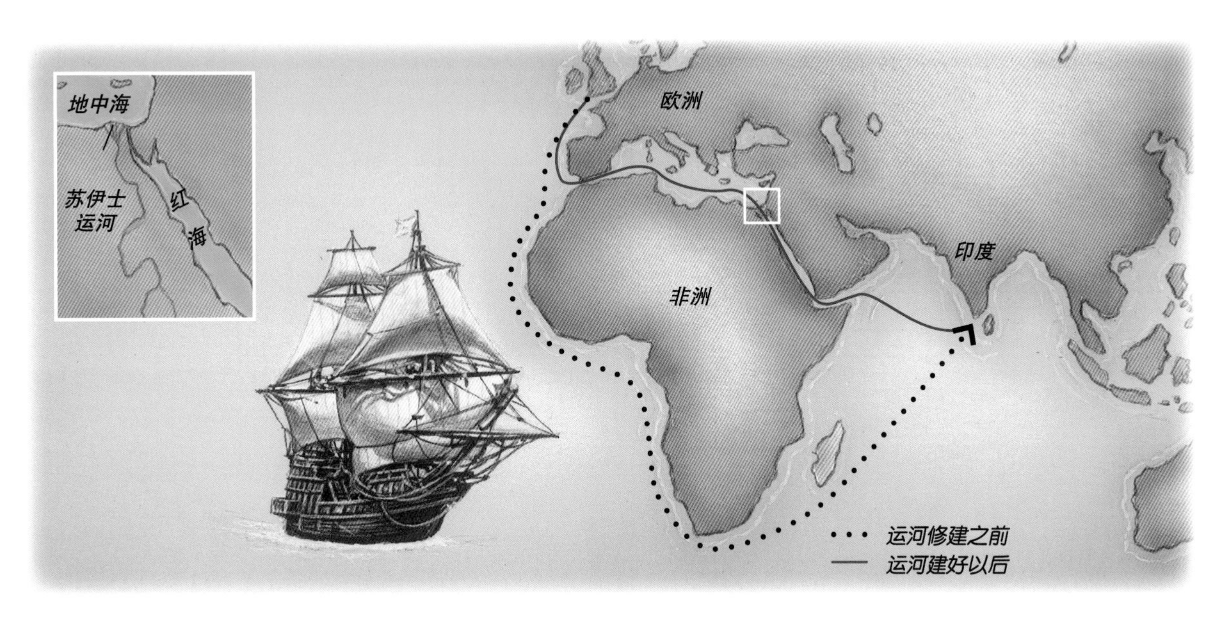

苏伊士运河修好以前，要前往英国或从法国到印度，船队必须绕行非洲。航程至少要3个月。

1859年，人们开始挖掘苏伊士运河，运河总长度为173千米。

今天，从欧洲到东方的海上航行只需要15天。

淡 水

淡水由来自海洋的水蒸发而成。蒸发的水分凝聚成云，再以下雨或下雪的形式降落到地面。

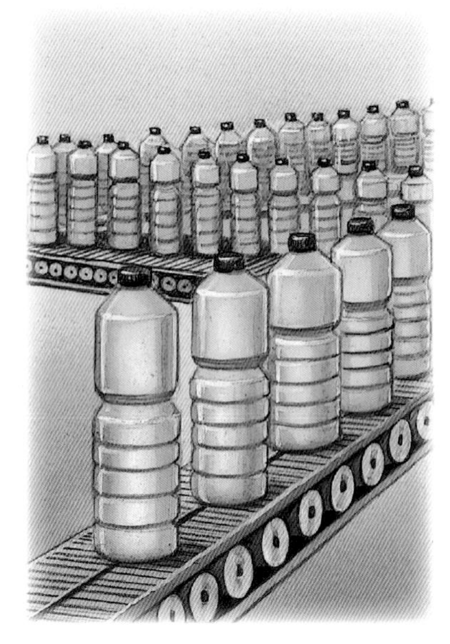

冰川融水非常纯净。亚马孙的印第安人用大片的树叶把冰川融水收集起来。在有些国家，这些水被灌装成瓶出售。

河流、湖泊、冰川和地下河是最主要的淡水储藏。水资源十分珍贵，切记不可以浪费，保护水资源不受污染尤其重要。

冰 川

在高山之巅和南北两极，因为气温低，积雪常年不化，慢慢地积雪凝固成冰。

冰川是巨大的冰河，因为太重所以流动缓慢。同风或水一样，它侵蚀了自然风貌，塑造了千姿百态的风景。它可以将大块的岩石带到十几千米之外去。

在北极和南极，冰川的冰滑进大海，然后破碎成大块的浮冰，这就是冰山。冰山的大部分都在水下。对于航船来说，冰山非常危险。

河 流

河流非常有用：它灌溉了农田，为人类提供了生活及工业用水，还具有养殖、航运之利。

通常河道中有许多自然障碍物，如裂谷。河水流到这里变成了壮观的瀑布。

有时一条河流会连接着其他河流或其支流。

河水很少流成直线，经常会拐弯，这种弯弯曲曲的河流有时会逐渐闭合，变成一个湖泊，最终因为不再有河水流入而干涸。

一条河有时会改变沿路的风景，如河道越来越深，变成峡谷，将岩石侵蚀风化……河水中夹带着大量的泥沙碎石，并把它们留在别处。

世界上最长的河是南美洲的亚马孙河以及非洲的尼罗河。

河流最终汇入大海。河流入海前的最后一段叫入海口。有的入海口是喇叭形的（如右图），有的则形成三角洲（见第79页）。

大坝利用水力发电。

海 水

在很久以前，海洋里的水在侵蚀岩石的过程中成为咸水。将海水中的盐分收集起来制成食盐可以用来为食物调味。

在盐田里，海水在阳光和风的作用下缓慢蒸发，留下海盐。盐场的工人将盐收集起来。

有些曾经被海水淹没的地区，土壤的表面留下了厚厚的一层盐，人们将其开采使用。

三角洲

当河流汇入大海，河里的淡水会与海洋的咸水混合。

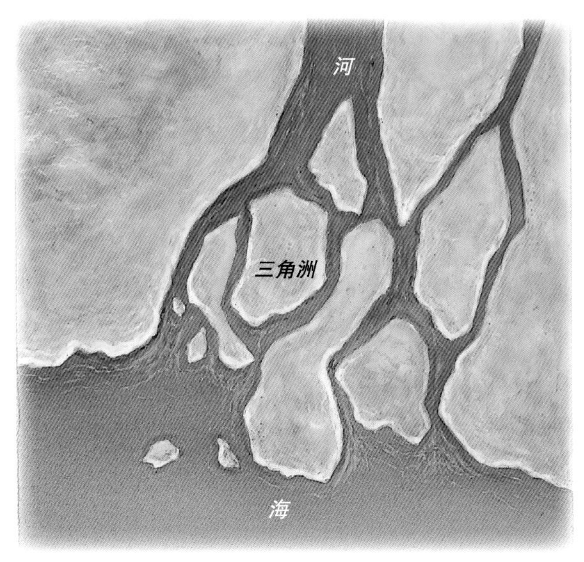

河水中带着大量的碎石和泥沙。在汇入大海之前，有时河水会把这些沙石留在河边，逐渐形成了向大海延伸的陆地，这就是三角洲。有许多的动物生活在三角洲上。

这是热带地区的三角洲，红树在水里生根。在红树林内，生活着捕鱼为食的鸟、蛇、水栖动物以及可以爬树找虫子吃的鱼。

湖 泊

或深或浅的湖泊中蓄满了淡水，湖泊的水源是地下水或河流。

有些湖是地震造成的巨大的洞变成的。这种湖通常都很深。

湖水填满了以前冰川留下的深坑。

熄灭的火山口变成了湖。

间歇泉

这是带着水蒸气的温泉。它以一定的节奏从地面的缝隙中喷射出来。

间歇泉的水来自渗入地下的雨水，水温在接触了炽热的熔岩后升高。

洋 流

洋流是指海洋里或强或弱的水的流动，分暖流和寒流。

依靠洋流，椰子在远离椰子树的地方发芽，而人也能乘帆船横渡大洋。

大西洋的一股寒流将海狮带到了南非的海岸，海狮在这里遇见了狮子。

暖流使海水温度升高和气候变暖，让棕榈树也可以生长在英国南部。

海 浪

海上起风时会掀起海浪。风越大，持续的时间越长，浪头就越高。

冲浪爱好者寻找大浪进行他们最喜欢的运动。他们在浪花的里边滑行。

浪大规模地涌起并拍打在岸上。有时没有风的时候也会有浪，可能是几千千米之外的暴风雨引起的。

潮 汐

海水一天中会有一两次涨落，这种运动叫潮汐。

当太阳和月亮的引力在相同的方向时，潮汐很强，称为大潮。

当地球、月球、太阳形成直角时，月球和太阳对地球的吸引力相互抵消了一部分，潮汐非常弱，称之为小潮。

潮汐的形成是太阳和月亮共同作用，吸引了海水的结果。月亮因为距离地球更近，所以作用更大。

这是落潮时水下的情况。

涨潮时，沙滩面积变小，甚至会完全被淹没。停泊在渔港的船漂在水面上。落潮时，沙滩面积变大，在渔港中停泊的船落到海滩上。这时候可以在河流里捞鱼。

潮汐的时间每天都会变。在某些地区，落潮时海水退到离海岸线很远的地方，消失在地平线上。不要对此掉以轻心，因为它会很快涨回来。

潮汐很强的时候，如果风力也很大，海浪可能会超过堤坝并淹没码头。

这些山羊被上涨的潮水困住了，不得不在礁石上等几个小时，直到海水落下去。

有一些连接岛和陆地的道路在高潮时会被海水淹没，只有在低潮时才可使用。

礁石的创造者

珊瑚是珊瑚虫分泌出来的骨骼，这些骨骼连在一起，就形成了各种各样美丽的珊瑚。成千上万的珊瑚聚集在一起，形成了珊瑚礁。

这座美丽的水下花园由各种各样的珊瑚组成，色彩鲜艳的鱼儿穿梭其中。

世界上最大的珊瑚礁位于澳大利亚，叫大堡礁。我们甚至可以从太空里看到它！

富饶的海洋

和陆地下面一样，海底蕴藏着丰富的资源。很早以前人类就开始开采了。

海洋中有大量的鱼类。但现在为了避免一些物种的消失，捕鱼的限制越来越多。

在海下有许多的油田。为了开采这些油田，人们在大海中修建了很多大型钻井平台。

大海对人类还有一项贡献——人们可以利用潮汐和海浪来发电。

在大坝上利用潮汐能发电。

人们种植藻类用于食品工业、制药业或化妆品业。

使用拖网在海底捕捞贝类。还有用来挖掘沙土的机器，这些沙土应用于修建道路及住宅。

地球上的生命

生命源自海洋

地球形成的时候没有任何生命形式，最初的生命迹象出现在温暖的海洋中。

先是有了藻类的发展，然后是蠕虫①、珊瑚虫、海绵动物、水母②以及甲壳和贝壳类动物，如海胆③、怪诞虫④、三叶虫⑤等。

最初的鱼没有颌，只能吞食细小的猎物。盾皮鱼是原始有颌鱼类。然后出现了带护甲的鱼，这种鱼身上有骨质的甲壳保护 。

过去的痕迹

今天的科学家们凭借留在岩石中的植物和动物印迹，可以还原地球的历史。

所有这些动物都生活在海洋中。有一些一直生活到现在，像腔棘鱼，这种大型的鱼在三亿多年前就出现了。

迈向陆地的第一步

有一些鱼离开水，成为两栖动物。两栖动物同时生活在陆地和水里。

鱼石螈是迈向陆地的第一代两栖动物。它巨大的尾巴上有鳍，可以在水里快速移动。

之后出现了爬行动物。会飞的爬行动物占领了天空。恐龙如梁龙和可怕的霸王龙等，统治了地球几百万年。

为什么恐龙消失了?

约6500万年前恐龙突然消失了。科学家们推断有几种可能性。

一次大规模的火山爆发或是一个巨大的陨石的坠落可能引发了高温的灰尘云的形成，在长达几个月的时间内遮挡了太阳，造成植物灭绝，而恐龙因失去食物最后被饿死。

可能是因为气候变得寒冷，而冰冻让所有的植物消失；或是气候变热，植物都干旱而死。这两种情况下，恐龙都无法承受气温的剧烈变化而存活下来。

最初的植物

海藻离开水在坚实的陆地上生根繁衍，进化成原始的苔藓、地衣和蕨类植物。

史前地衣的草图

苔藓、地衣和蕨类是没有根的植物。它们有小小的攀缘茎可以紧贴住地面。

最初的森林里都是巨型植物。其中的一些植物一直存活到今天，但已经矮小了很多。

植物和花的出现

在恐龙时代，地球上遍布着广袤的森林。到处都有新品种的花出现。

银杏出现在恐龙之前，如今依然存在。

玉兰花是最早在地球上开放的花之一。

随后出现的玫瑰花的祖先。

恐龙灭绝后，各式各样的花遍布了世界的每一个角落。

植物和蘑菇

无论气候条件如何，世界上到处都分布着植物。植物大部分都是绿色的，因为它们含有一种色素——叶绿素。

植物吸收空气中的二氧化碳（CO_2）和土壤里的水分。它们还吸收阳光，通过一种化学反应将这些成分转化成营养元素；这就是光合作用。光合作用让植物生长。生长过程中，植物将氧气排入大气。

有根的植物通过根吸收土壤里的水分。这些水分是植物的生长发育所必需的。

根不仅为植物吸收养料，还将植物固定在地上，就算很大的风，也不会把植物吹跑。

地衣生长岩石上，在空气清新的环境里，如山区。

蕨类主要生长在树木和田野里。

苔藓喜欢潮湿。这就是为什么我们经常在瀑布边的岩石上看到它。

地球上有超过30万种植物。这些植物成为各种食草动物的食物，处于食物链的底端。

有些植物拥有捕食技能，它们能捉到小动物吃，这种是食肉性植物。

蘑菇是生长在森林和潮湿地区的一种生物。有一些是可以食用的，但另一些，像毒蝇伞和圣诞牛肝菌则非常危险，千万不要碰它们。

树

树在任何地方都是风景中不可缺少的元素。和所有的植物一样，树制造其他生物不能缺少的氧气。许多动物生活在树林里，人类需要木头建造房屋、制作家具或取暖。

温带地区的森林里主要是秋天会落叶的植物。

洋槐和猴面包树生长在热带。

在山区，树叶的形状是针形的，冬天不会落叶，它们属于松柏类。

椰子树通常生长在炎热的地区。

地中海地区的森林里有很多松树、橡木和雪松。

赤道地区的森林里有非常大的树，枝干相互交错。

花

花有美丽的颜色，多数有芳香的气味。

这些是田野和草原上的花：①矢车菊；② 毛茛 ；③虞美人；④雏菊；⑤蒲公英；⑥秋水仙。

这些花生长在森林里：①水仙；② 堇菜；③报春花；④雪滴花；⑤犬蔷薇花；⑥铃兰。

在草原上、河岸边、高山上有成千上万种野花。有的细小，有的巨大。但所有的花都需要我们的保护。这是一笔无法估算的财富。

灌木丛里的花：①金雀花；②欧石楠；③荆豆。

沙丘上的花：①法国蜡菊；②蓝蓟；③白香石竹。

高山上的花：①雪绒花；②风铃草；③龙胆。

池塘里的花：①睡莲；②荷花。

哺乳动物成为主宰

6500万年前，恐龙消失后，隐藏在森林里的哺乳动物大量繁殖起来。

①雕齿兽有一个巨大的、坚硬的甲壳保护。
②大懒兽长达6米，以树叶为食。

200万年前，在冰川时期，猛犸与穴居熊以及披毛犀和平共处。

最早的人类

约350万年前我们人类的祖先出现在非洲，随后遍布了所有的大陆。

毛发厚重的南方古猿以树叶和果子为食。

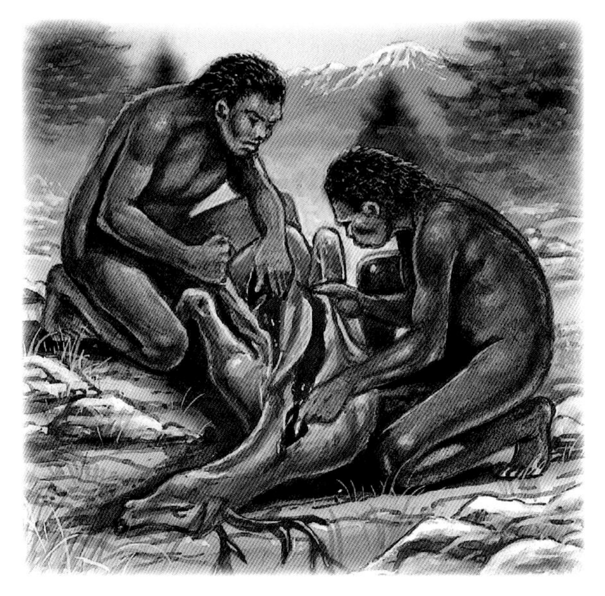

古能人用打磨过的石块切开捕获的动物。

通过摩擦火石燃起的火，人可以加热食物、打造武器，保护自己不受野兽的伤害。

第一代人类

在真正的人类祖先——猿人之后出现了古人，他们是我们现代人的祖先。

穴居人捕杀猛犸和野牛。他们用这些野兽的皮毛做成衣服，或者盖在他们的茅屋上。

克罗马农人掌握了语言。他们在骨头上雕刻，并在他们居住的洞穴壁上画了狩猎的场景。

动 物

几乎地球上的每一个角落都有动物的身影，即便是地球上最冷的南极洲，气候酷寒，依然有少量的动物生活在那里。

企鹅是一种鸟类，虽然它们并不会飞。它们在浮冰上过着群居的生活，并以小鱼为食。

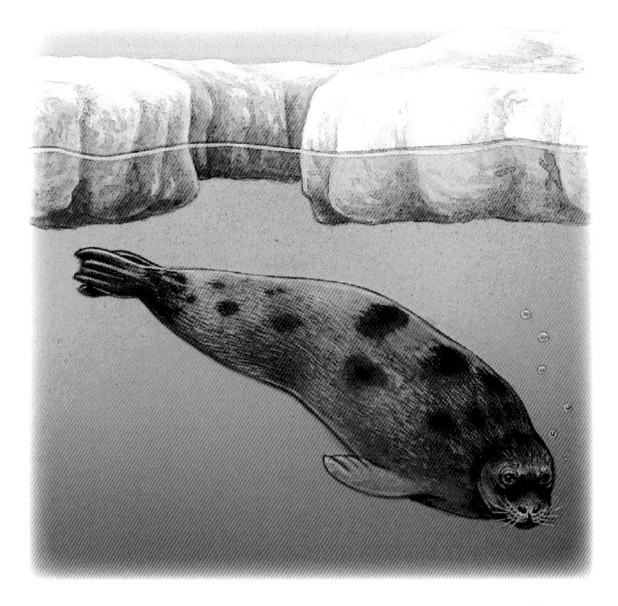

海豹身上有一层厚厚的脂肪可以抵御寒冷。

体形巨大的蓝鲸体重相当于五辆大卡车。

生活在北极的动物

北极的动物比南极洲的多。它们身上都有一层厚厚的毛皮可以抵御寒冷。

北极熊猛击一掌捉住了一条海豹。

北极狐是出色的猎人。冬天它全身变成雪白。

麝牛有长长的毛皮保暖。

燕鸥和海鸥很相像，是杰出的旅行家。

亚马孙丛林里的鸟

这个位于赤道地区的，藤蔓交错的森林中生活着地球上最多的动植物种类。

①蜘蛛猴；②绯红金刚鹦鹉是南美洲最大的鹦鹉；③巨嘴鸟；④翡翠蟒；⑤树懒；⑥猎豹；⑦巨型犰狳。

生活在炎热的沙漠里的动物

沙漠中白天非常炎热而夜晚十分寒冷。所有的动物都适应了干旱的自然条件 。

为躲避炎热，动物们都隐藏起来：耳廓狐钻到岩石洞里；角蝰蛇把自己埋在沙子里。

生活在高山上的动物

生活在高山上的动物知道如何御寒：有一些睡一整个冬天，另一些会更换皮毛。

冬眠之前旱獭会饱餐一顿。

在一月份或二月份，熊会生两三个熊宝宝。

岩羚羊和北山羊都有适合登山的护脚。

冬天白鼬的皮毛全都变成白色且变得更厚。

生活在温带森林里的动物

温带森林里生活着很多动物。人们很难发现它们，因为有一些只在晚上才出来活动。

①松鼠；②猫头鹰；③鹿；④母鹿和它的孩子；⑤狐狸；⑥野猪；⑦鼬；⑧刺猬；⑨獾。

生活在草原上的动物

广袤的草原上生活着凶猛的野兽和成群的吃树叶的动物 。

几种草原上的动物：①狮子；②猎豹；③斑马；④瞪羚；⑤长颈鹿；⑥大象。

生活在海洋里的动物

下图里我们集中了几种海洋动物。但实际上这些动物并不生活在同一个地方。

①海豚；②鲸；③鲨鱼；④海葵；⑤贻贝；⑥螃蟹；⑦章鱼；⑧珊瑚；⑨深海鱼。

地球危机

动物危机

因为人类的捕杀和对动物生存环境的污染以及毁灭性破坏，许多动物的生存都受到了威胁。

憨态可掬的大熊猫，因为捕杀和生态环境的破坏，它们的生存受到威胁。

非洲草原象的象牙是用来保护自己的，人类却为了得到这些象牙而猎杀它们。大象的数量在30年间减少了一半。

猩猩大部分时间都待在树上。因为森林的消失，它们的生存也受到了威胁。

西伯利亚虎因为名贵的毛皮而常年被捕猎。如今已经越来越少了。目前地球上仅剩下400只左右。

非洲的埃塞俄比亚狼因为通过宠物狗传染的疾病（如狂犬病）而处于危险中。

为了保护物种不消失，人们在陆地和海洋里创建了大面积的保护区。在那里，动物们重新生活在适宜的环境中，不会再被猎杀。

处于危险中的地球

大气层的气体吸收了一部分太阳辐射，为我们的星球维持了一个适宜居住的温度。这叫大气保温效应。

工业化国家产生了许多的垃圾。这些垃圾在分解时会释放出二氧化碳。

城市越来越多，城市中的烟囱排放出有毒气体。

人类饲养动物，种植谷物来获得食物。牛向空气中排放二氧化碳、水稻排放甲烷。

人类越来越多地使用汽车、火车和飞机等交通工具。燃料的燃烧也会排放温室气体。

但这种效应因为人类的活动而成倍增长，人类向大气中排放的有害气体越来越多，引起全球迅速变暖。

沙漠附近的居民人数增加，畜牧业也相应地发展了。树和草消失了，沙漠面积扩大。

为了取暖、居住、耕种，大片的热带森林消失，空气中的二氧化碳不再有树木来吸收。

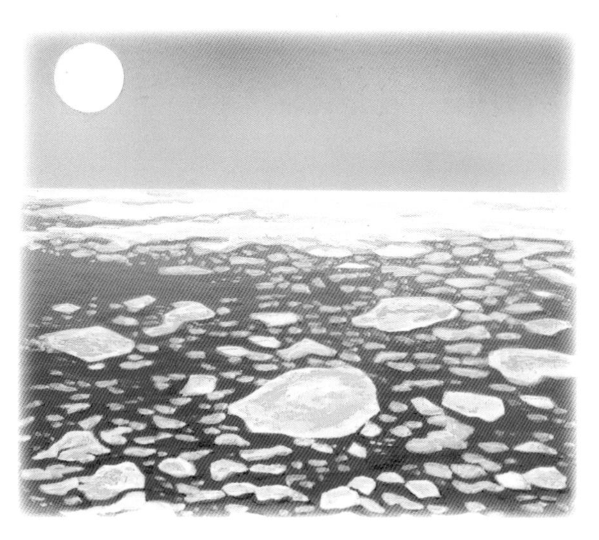

海洋大量吸收空气中的二氧化碳，并将它们储存在海洋深处。但因为一些气象因素，这种吸收了二氧化碳的水升到了海洋的表面，因此海洋对二氧化碳的吸收能力减弱。此外，浮冰反射了大量的阳光，因为冰川的消融，这种反射能力降低了。所有这一切都加剧了地球的变暖。

气候变暖的后果

气候变暖会改变我们这个星球上的生态平衡及气象条件，有一些影响已经显现。

极端天气，如暴风雨和雷雨的强度越来越大，发生得越来越频繁。

水温上升让海洋“膨胀”。因为水位的上升，有些岛屿会消失。

冰川消融暂时增加了许多河流的水量，但可能会造成将来的饮用水问题。

洋流的线路，如墨西哥湾暖流可能会改变。欧洲西部地区的冬季可能会变得更严酷。

海洋也处于危险中

为了保护海洋，不要在海滩上丢弃塑料瓶、罐头瓶、软管等垃圾。

许多废水排进了河里和海里。

潮汐和洋流把许多垃圾抛到了海滩上。

油船发生事故时人们用海水清洗油罐并将石油倾倒在海里，石油的污染力非常强，许多动物因此而丧生。

拯救地球的一些措施

每个人在日常生活中都可以采取一些措施来保护我们的星球。

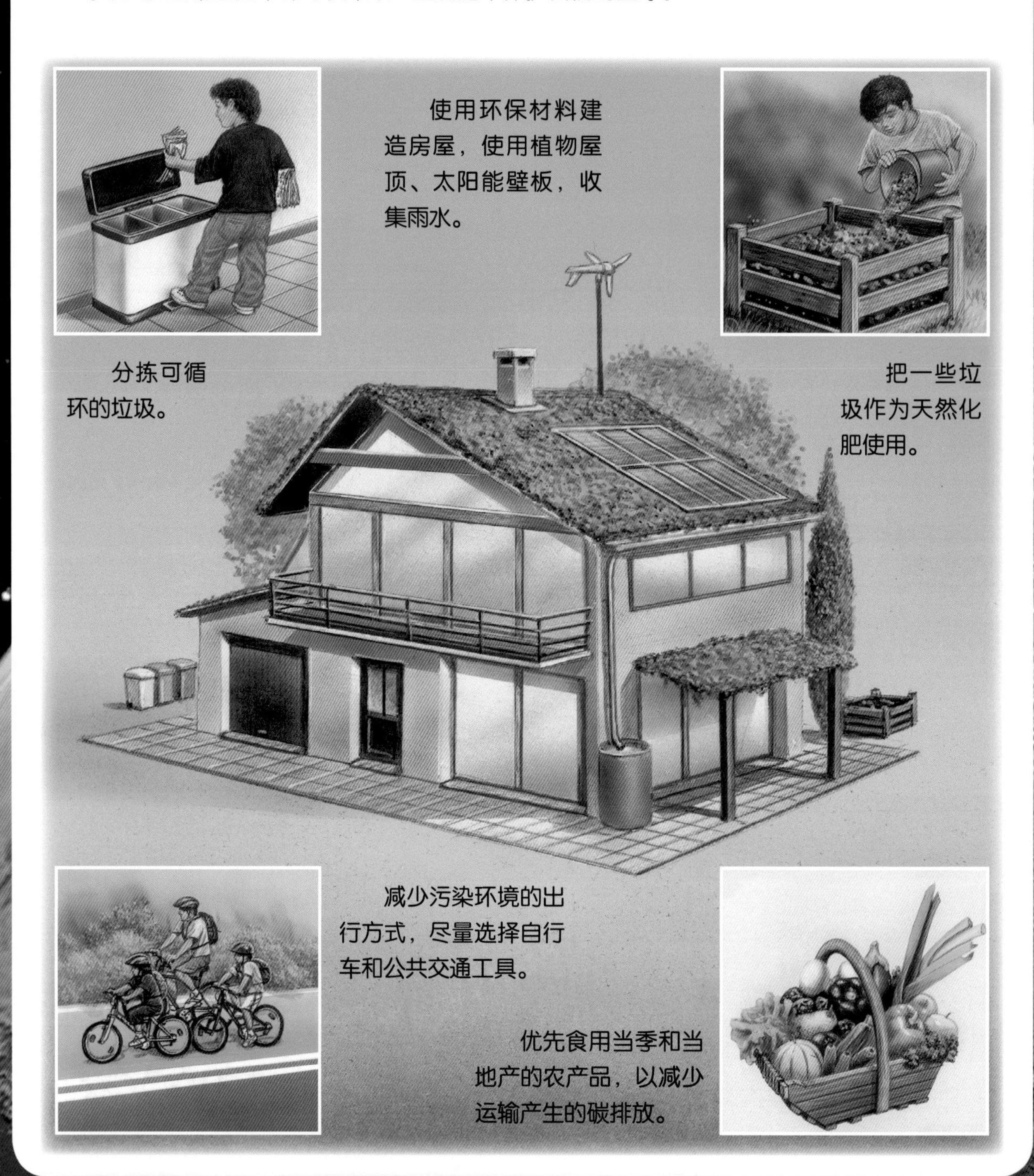

地球上的人越来越多

世界人口数量一直在上升，总是需要更多的住宅和工厂，交通方式一直在发展。

然而工业和交通是排放废气最多的人类活动方式，加速了全球气候变暖。

地球上目前有70多亿人口，但分布并不均匀。

为了让所有人都能享受良好的生活条件，我们人类必须注意保护地球，因为对地球的破坏最终会使我们人类自食苦果。

因纽特人（西伯利亚、阿拉斯加、格陵兰）：约12万居民

欧洲：约7.4亿居民

中国：约14亿居民

印度：约13亿居民